AF469794

DESCRIPTION GÉOLOGIQUE

DES

ENVIRONS DE PARIS.

EXTRAIT DU CATALOGUE D'EDMOND D'OCAGNE,

ÉDITEUR-LIBRAIRE,

PRINCIPALEMENT POUR LES SCIENCES NATURELLES.

ANNALES DU MUSÉUM D'HISTOIRE NATURELLE, par les professeurs de cet établissement; 21 vol. in-4, ornés de 641 gravures, dont quelques-unes coloriées, brochés. 380 fr.

— *Le même ouvrage*, tome *vingt-et-unième*, in-4, renfermant la table des auteurs et celle des matières; *séparément*, 10 fr.

MÉMOIRES DU MUSÉUM D'HISTOIRE NATURELLE, faisant suite aux *Annales du Muséum*; 20 vol. in-4, avec tables des auteurs et des matières et plus de 560 planches, br. 500 fr.

Cette belle et vaste collection se continue depuis 1831, sous le titre de *Nouvelles Annales du Muséum*. Déjà trois volumes ont paru. L'abonnement pour une année, ou pour un volume in-4, orné de figures, est de 30 fr.

DICTIONNAIRE PORTATIF DE CHIMIE, MINÉRALOGIE ET GÉOLOGIE, avec les synonymies latine, anglaise et allemande, par une société de savans; 1 vol. in-8, imprimé sur deux colonnes. 8 fr.

DISCOURS SUR LES RÉVOLUTIONS DE LA SURFACE DU GLOBE, et sur les changemens qu'elles ont produits dans le règne animal, par G. CUVIER; sixième édition, entièrement revue et augmentée. 1 vol. in-8, avec 6 planches; broché. 7 fr. 50 c.

— *Le même ouvrage*, 1 vol. in-4, grand-raisin, orné des mêmes planches et d'un beau portrait de l'auteur; broché. 9 fr.

— *Le même*, 1 vol. in-4, grand-raisin vélin; broché. 12 fr.

FAUJAS DE SAINT-FOND. ESSAI DE GÉOLOGIE, ou Mémoire pour servir à l'histoire du Globe. 3 vol. in-8, ornés de 39 planches, dont 4 en couleur, broché. 20 fr.

— HISTOIRE NATURELLE DES ROCHES DE TRAPS, considérées sous les rapports de la géologie et de la minéralogie. 2e édition, in-8, fig., broché. 2 fr.

GLOSSAIRE DE BOTANIQUE, ou Étymologie de tous les noms de classes, genres et espèces, en usage dans cette science; par M. le baron de THÉIS. 1 fort vol. in-8, avec deux planches gravées. Broché. 8 fr.

— *Le même ouvrage*, papier vélin. 12 fr.

HISTOIRE DES VÉGÉTAUX FOSSILES, par M. ADOLPHE BRONGNIART; 2 vol. in-4, ornés de planches, et qui formeront 18 ou 20 livraisons. *La 9e est en vente.* Prix de chaque livraison. 13 fr.

HISTOIRE NATURELLE DES PERROQUETS, par F. LEVAILLANT. 2 vol. in-folio, grand papier vélin, renfermant 144 planches coloriées; brochés. 300 fr.

HUMBOLDT ET BONPLAND. VUES DES CORDILLIÈRES ET MONUMENS DES PEUPLES INDIGÈNES DE L'AMÉRIQUE, avec 69 planches, la plupart coloriées. 2 vol. in-folio, papier vélin, format atlas, l'un de texte et l'autre de planches, avec la lettre. 360 fr.

Les exemplaires avant la lettre, ou avec la lettre grise, *premier tirage des épreuves*, 450 fr.

Les livraisons se vendent détachées aux personnes qui possèdent cet ouvrage incomplet.

— ESSAI POLITIQUE SUR LA NOUVELLE-ESPAGNE. 2 vol. in-4, avec un atlas géographique et physique, composé de 20 cartes.

Prix, papier fin, broché. 160 fr.

Papier vélin. 210 fr.

L'atlas séparément. 90 fr.

— ESSAI SUR LA GÉOGRAPHIE DES PLANTES, accompagné d'un tableau physique des régions équinoxiales, et servant d'introduction au *Voyage aux régions équinoxiales*. 1 vol. in-4, grand papier vélin, avec le tableau colorié. 50 fr.

— *Ledit tableau colorié*, *séparément*. 20 fr.

— *Le même tableau* en noir, *séparément*. 10 fr.

— PLANTES ÉQUINOXIALES; ouvrage rédigé par A. BONPLAND. 2 volumes in-folio, grand-jésus vélin, ornés de 143 pl. gravées. 500 fr.

Les *Plantes équinoxiales* sont composées de 17 livraisons, à raison de 32 fr. chacune. Les personnes qui ne possèdent pas l'ouvrage entier peuvent se compléter.

La collection entière des différens ouvrages de ces deux célèbres naturalistes, et les parties détachées, se trouvent à la même Librairie, où se distribue gratuitement une notice qui en donne le détail.

LAMOUROUX. ESSAI SUR LES GENRES DE LA FAMILLE DES THALASSIOPHYTES NON ARTICULÉS, in-4, orné de 7 planc. gravées, br. 5 fr.

MARCEL DE SERRES. OBSERVATIONS SUR LES INSECTES considérés comme ruminans, et sur les fonctions des diverses parties du tube intestinal dans cet ordre d'animaux. 1 vol. in-4, avec 3 planches. 4 fr.

MÉMOIRE APTÉROLOGIQUE, par J.-F. HERMANN, publié par HAMMER. In-folio, avec 9 planches coloriées, papier carré fin, br. 15 fr.

MÉMOIRE sur quelques parties moins connues du Squelette des Sauriens fossiles de Maëstricht, par ADRIEN CAMPER. In-4, avec 3 planches gravées, broché. 2 fr.

OBSERVATIONS ANATOMIQUES sur la structure intérieure et le squelette de plusieurs Cétacés, par PIERRE CAMPER; publiées par son fils ADRIEN CAMPER, avec des notes par le baron Cuvier. 1 vol. in-4, et un atlas in-folio oblong de 53 planches gravées au burin, dont trois sont en couleur; broché. 20 fr.

PHILOSOPHIE CHIMIQUE, ou Vérités fondamentales de la Chimie moderne, destinées à servir d'élémens pour l'étude de cette science; par A.-F. FOURCROY; troisième édition, in-12, grand pap., br. 3 fr.

PORTRAIT DE GEORGES CUVIER, gravé par M. Lorichon, expensionnaire du roi, d'après M. Jacques; épreuves tirées sur carré grand-aigle.

Avec la lettre: 5 fr. sur blanc; 6 fr. sur Chine.

Avant la lettre: 10 fr. sur blanc; 12 fr. sur Chine.

PORTRAIT DE FONTENELLE, gravé par M. Langlois, d'après Voiriot; épreuves sur carré grand-aigle.

Avec la lettre: 3 fr. sur blanc, et 4 fr. sur Chine.

Avant la lettre: 5 fr. sur blanc.

Ces deux portraits sont fort bien exécutés; celui surtout du célèbre *Cuvier* est d'une ressemblance parfaite.

RECUEIL DE PLANCHES DES COQUILLES FOSSILES DES ENVIRONS DE PARIS, par le chevalier de LAMARCK, avec leurs explications. On y a joint deux planches de *limnées fossiles* et autres *coquilles* qui les accompagnent, par M. BRARD. 1 vol. in-4, grand papier fin des Vosges, avec 30 planches gravées au burin, br. 15 fr.

TABLEAU ANALYTIQUE DES MINÉRAUX, par A. DRAPIEZ, de Bruxelles. In-folio oblong, broché. 6 fr.

TEMMINCK (C.-J.). HISTOIRE NATURELLE ET GÉNÉRALE DES PIGEONS ET DES GALLINACÉS. 3 vol. in-8, accompagnés de planches anatomiques. Amsterdam. Brochés. 42 fr.

— MANUEL D'ORNITHOLOGIE, ou Tableau systématique des *Oiseaux* qui se trouvent en Europe. 3 vol. in-8, broché. 22 fr. 50 c.

— *Le même ouvrage*, IIIe PARTIE, ou premier volume supplémentaire, *séparément*. 1 vol. in-8. Paris, 1835. 7 fr. 50 c.

La IVe PARTIE, ou *complément* de ce Manuel, paraîtra dans le courant de l'année 1835.

— MONOGRAPHIES DE MAMMALOGIE, ou Description de quelques genres de Mammifères dont les espèces ont été observées dans les différens Musées de l'Europe par l'auteur lui-même. Tome I, in-4, grand-papier, orné de 26 planches, broché. 35 fr.

Le tome II sera publié incessamment par livraisons.

— OBSERVATIONS SUR LA CLASSIFICATION MÉTHODIQUE DES OISEAUX, et remarques sur l'analyse d'une nouvelle ornithologie élémentaire de M. Vieillot. In-8, broché. 2 fr.

WERNER. ATLAS DES OISEAUX D'EUROPE, pour servir de complément au *Manuel d'Ornithologie*, de M. TEMMINCK.

Cet Ouvrage sera publié en 55 livraisons de 10 planches chacune, format in-8.

On fournit dans chaque livraison, aux souscripteurs qui le désirent, le texte du *Manuel d'Ornithologie* de M. TEMMINCK, avec les figures correspondantes.

La 32e livraison est en vente.

Prix de chacune : sans texte, figures noires,	3 fr.
— *Idem*, figures coloriées,	6 fr.
— Avec texte, figures noires,	3 fr. 50 c.
— *Idem*, figures coloriées,	6 fr. 50 c.

DESCRIPTION GÉOLOGIQUE

DES

ENVIRONS DE PARIS,

PAR

MM. GEORGES CUVIER ET ALEXANDRE BRONGNIART.

Troisième Édition.

ATLAS

RENFERMANT TROIS CARTES, DONT DEUX COLORIÉES,
ET QUINZE PLANCHES QUI REPRÉSENTENT LES COUPES DES TERRAINS DE PARIS,
CELLES DE PLUSIEURS AUTRES LIEUX ANALOGUES A CES TERRAINS, ET BEAUCOUP DES COQUILLES
ET VÉGÉTAUX FOSSILES QU'ILS RENFERMENT.

PARIS.

EDMOND D'OCAGNE, ÉDITEUR-LIBRAIRE,

12, RUE DES PETITS-AUGUSTINS.

—

1835.

PARIS. — IMPRIMERIE DE CASIMIR, RUE DE LA VIEILLE-MONNAIE, N° 12,
près la rue des Lombards et la place du Châtelet.

Pl. A.

CARTE
Géognostique
DES
...RONS DE PARIS.
par MM.
...ER ET BRONGNIART.
1810 et 1822.
Craie.
7
MELUN
Epernon
Chalautre la Grande
Nogent sur Seine
Fontainebleau
Estrepagny
Braine sur Vêle

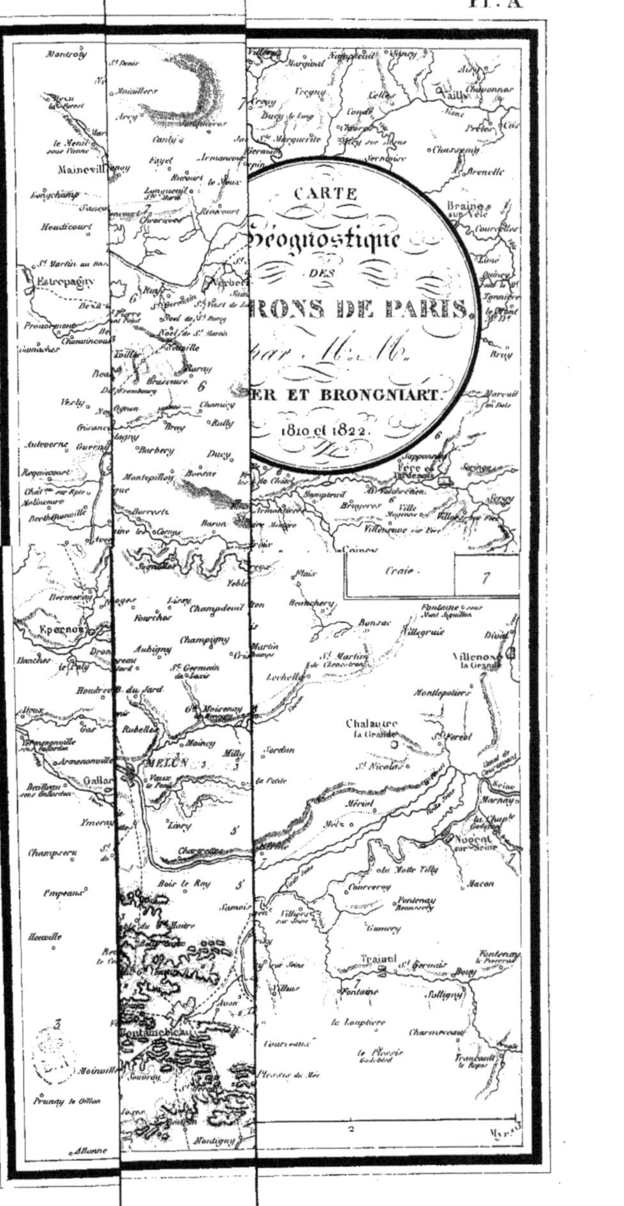

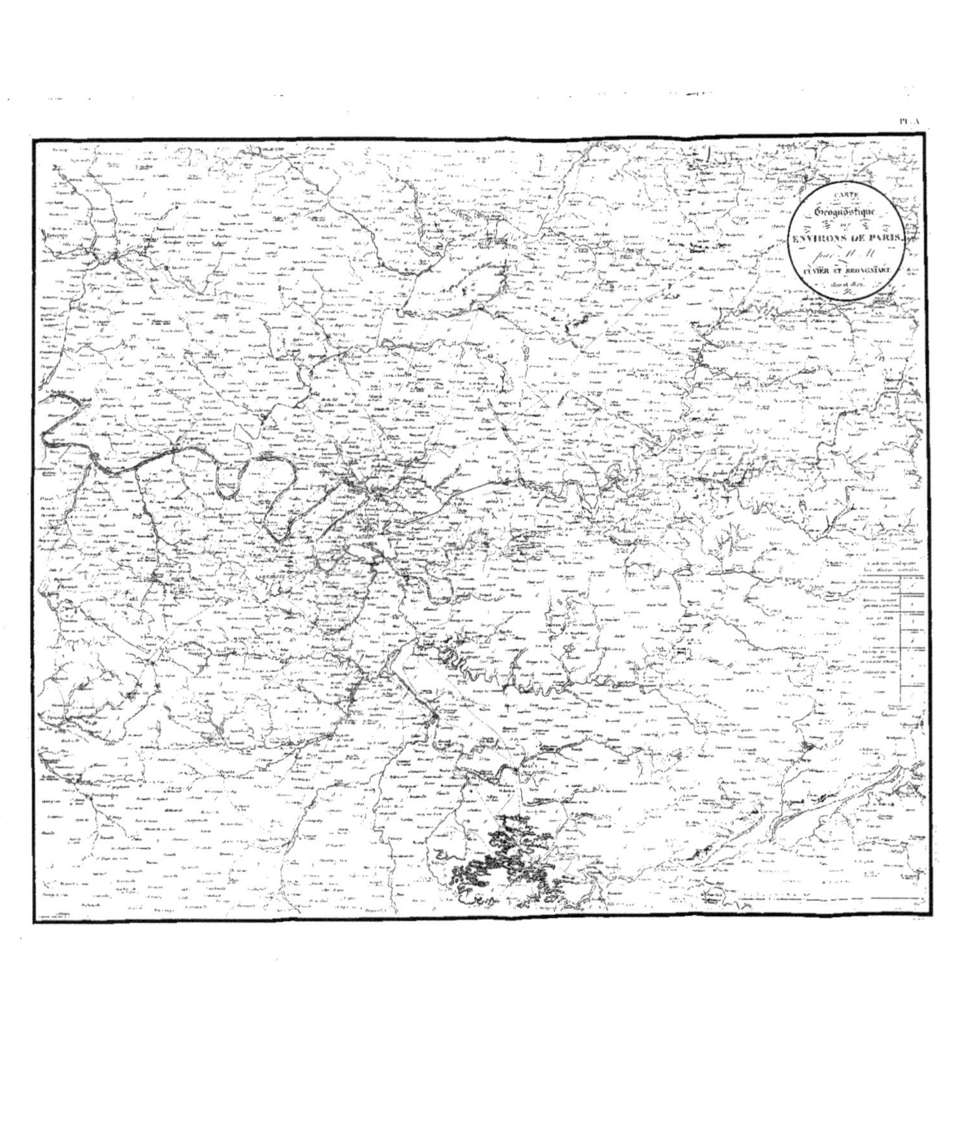
Pl. A
CARTE
Géognostique
des
ENVIRONS DE PARIS,
par MM.
CUVIER ET BRONGNIART

DES

Pl. B.

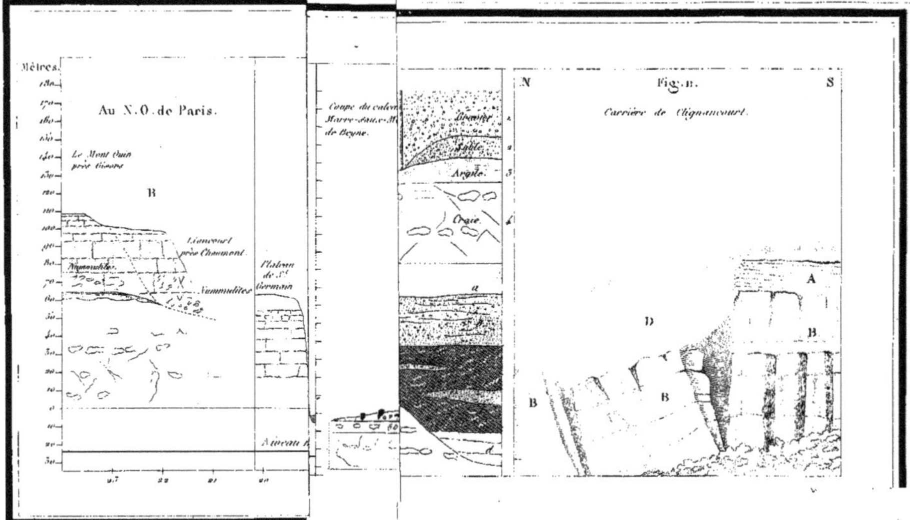

Mètres.

Au N.O. de Paris.

Le Mont Ouin près Gisors

Liancourt près Chaumont.

Nummulites.

Nummulites

Plateau de St Germain

Niveau d

Coupe du calca Marre-sous-M de Beyne.

Argile.

Craie.

Fig. 11.

Carrière de Clignancourt.

N S

COUPES GÉOGNOSTIQUES DES TERRAINS DE PARIS.

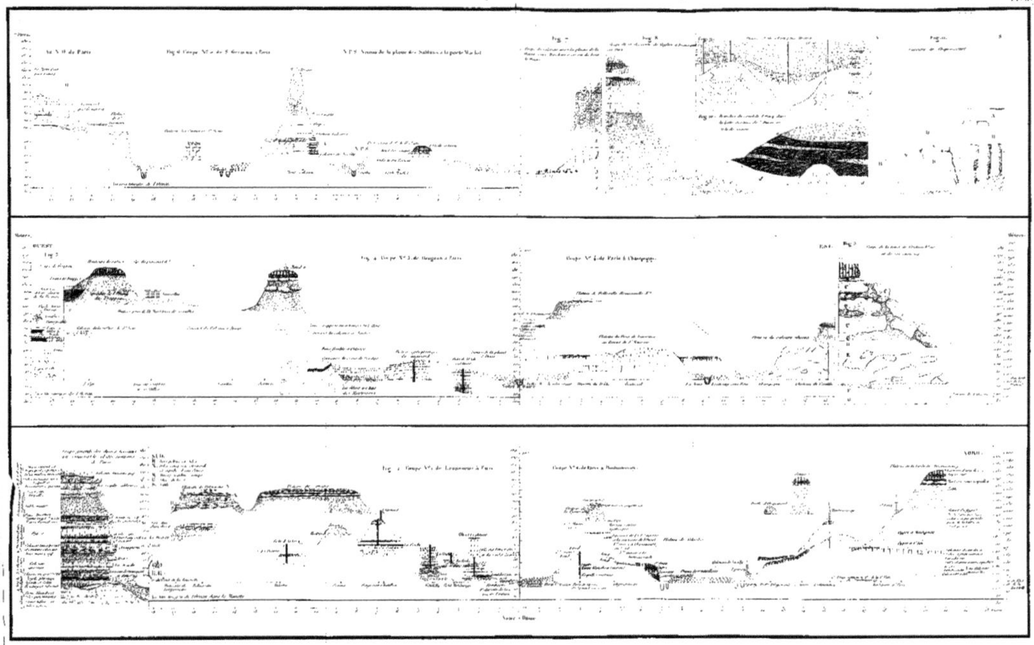

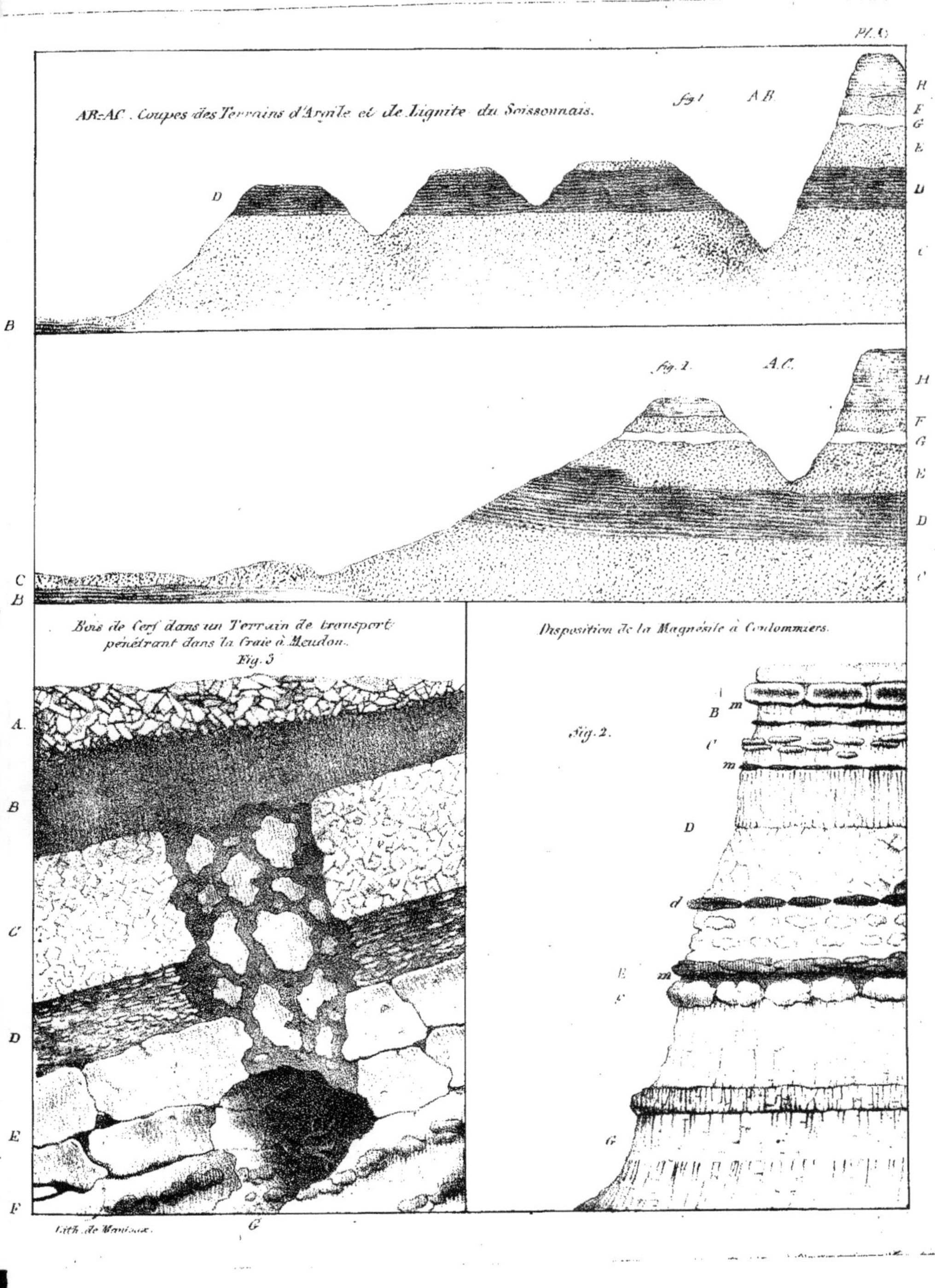
AB-AC. Coupes des Terrains d'Argile et de Lignite du Soissonnais.
fig 1. A.B.
fig. 2. A.C.
Bois de Cerf dans un Terrain de transport pénétrant dans la Craie à Meudon.
Fig. 3
Disposition de la Magnésite à Coulommiers.
Fig. 2.
Lith. de Manlaux.

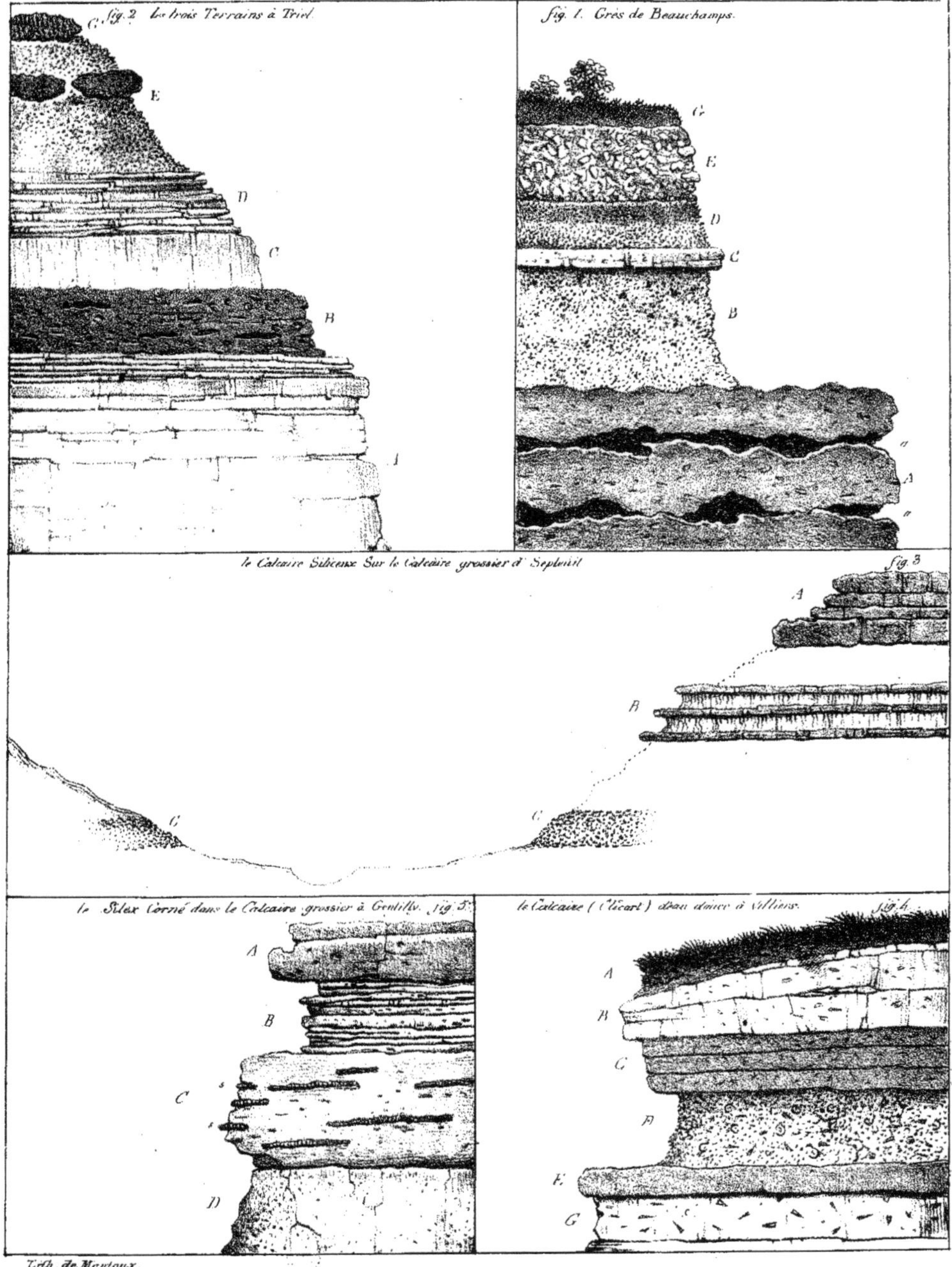

Lith. de Mantoux.

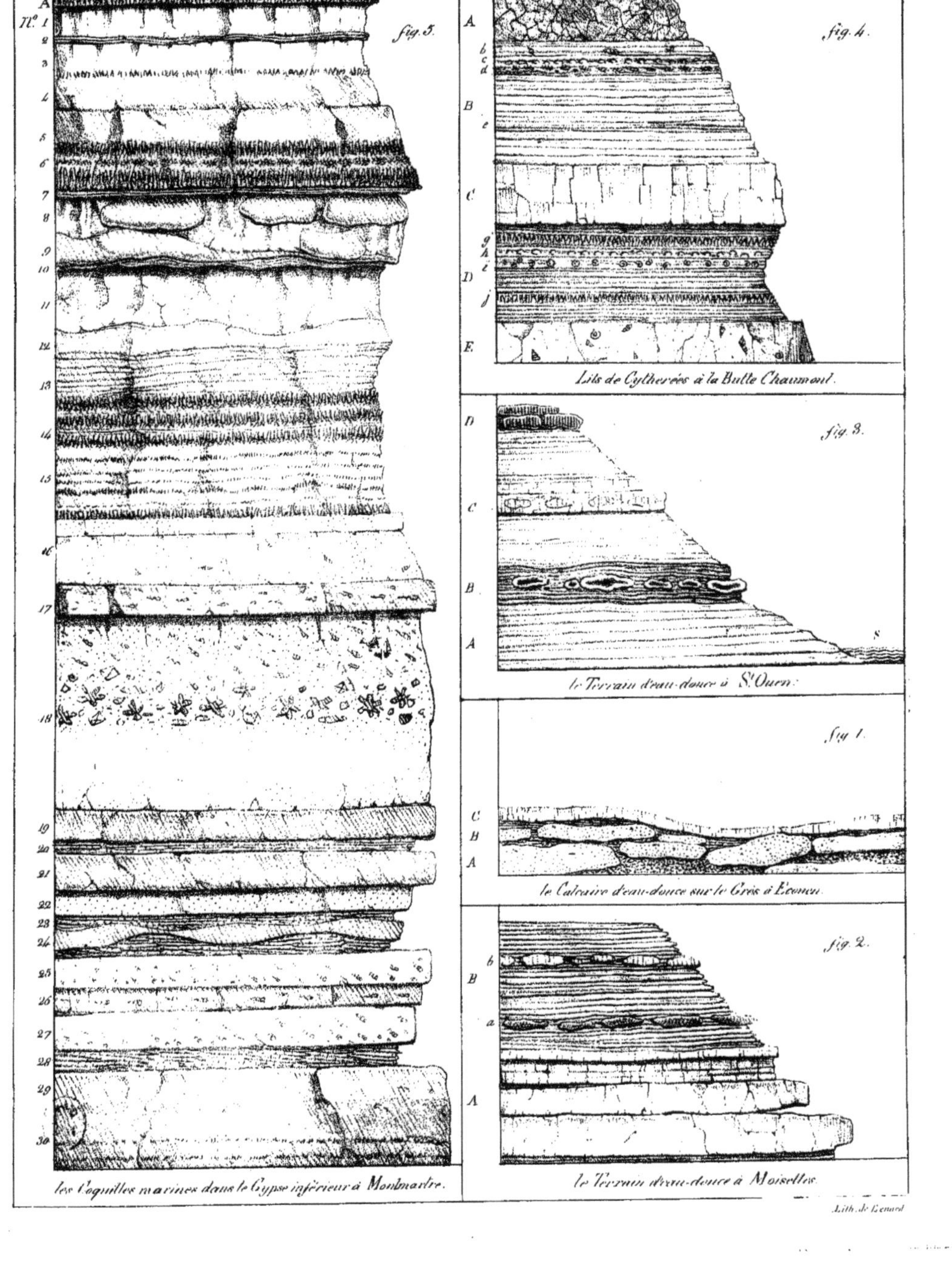
fig. 5.
fig. 4.
Lits de Cytherées à la Butte Chaumont.
fig. 3.
le Terrain d'eau-douce à St. Ouen.
fig. 1.
le Calcaire d'eau-douce sur le Grès à Ecouen.
fig. 2.
les Coquilles marines dans le Gypse inférieur à Montmartre.
le Terrain d'eau-douce à Moiselles.
Lith. de Lenoud

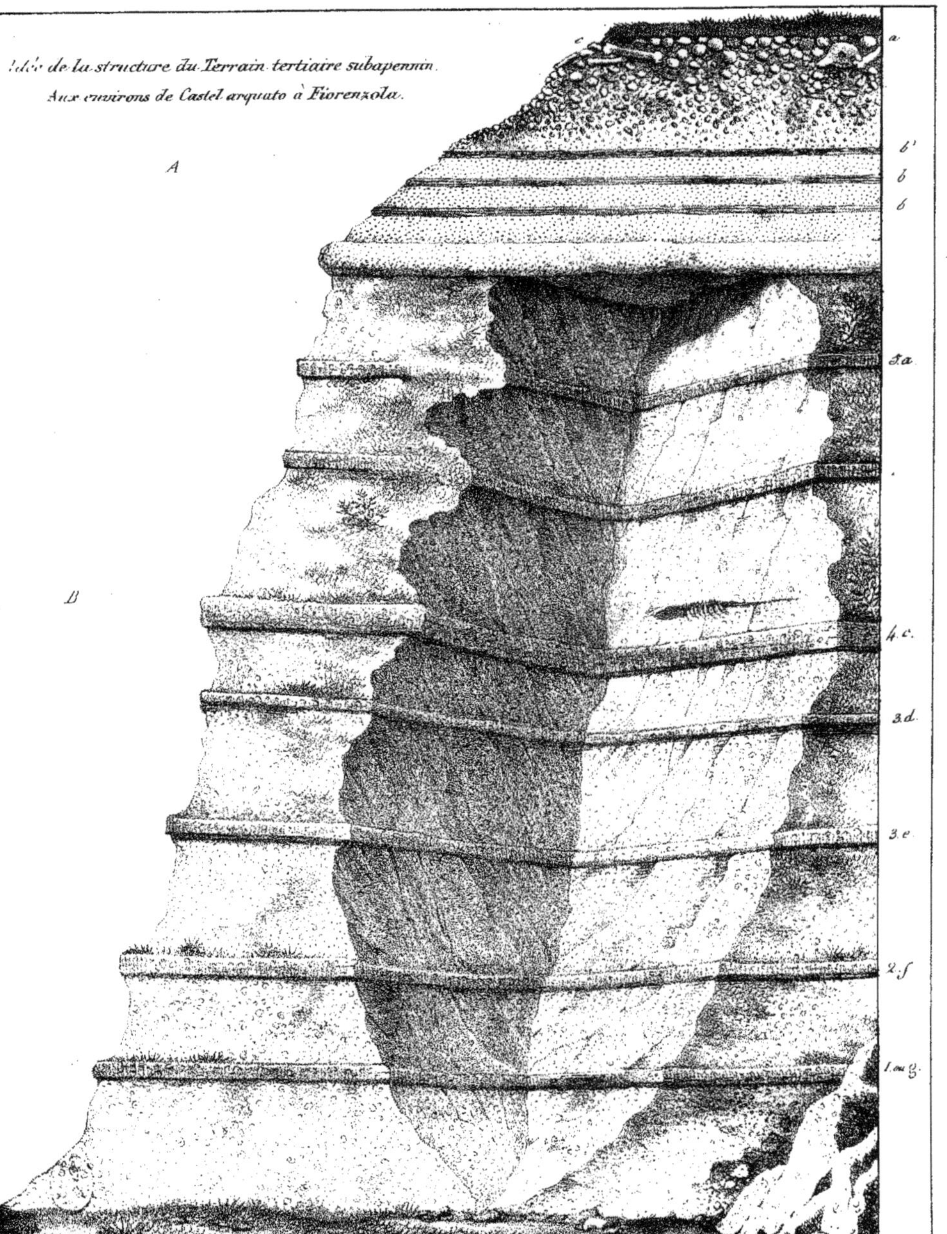
Idée de la structure du Terrain tertiaire subapennin.
Aux environs de Castel arquato à Fiorenzola.
A
B
a
b'
b
b
5.a
4.c.
3.d.
3.e
2.f
1.ou g.

Pl. G.

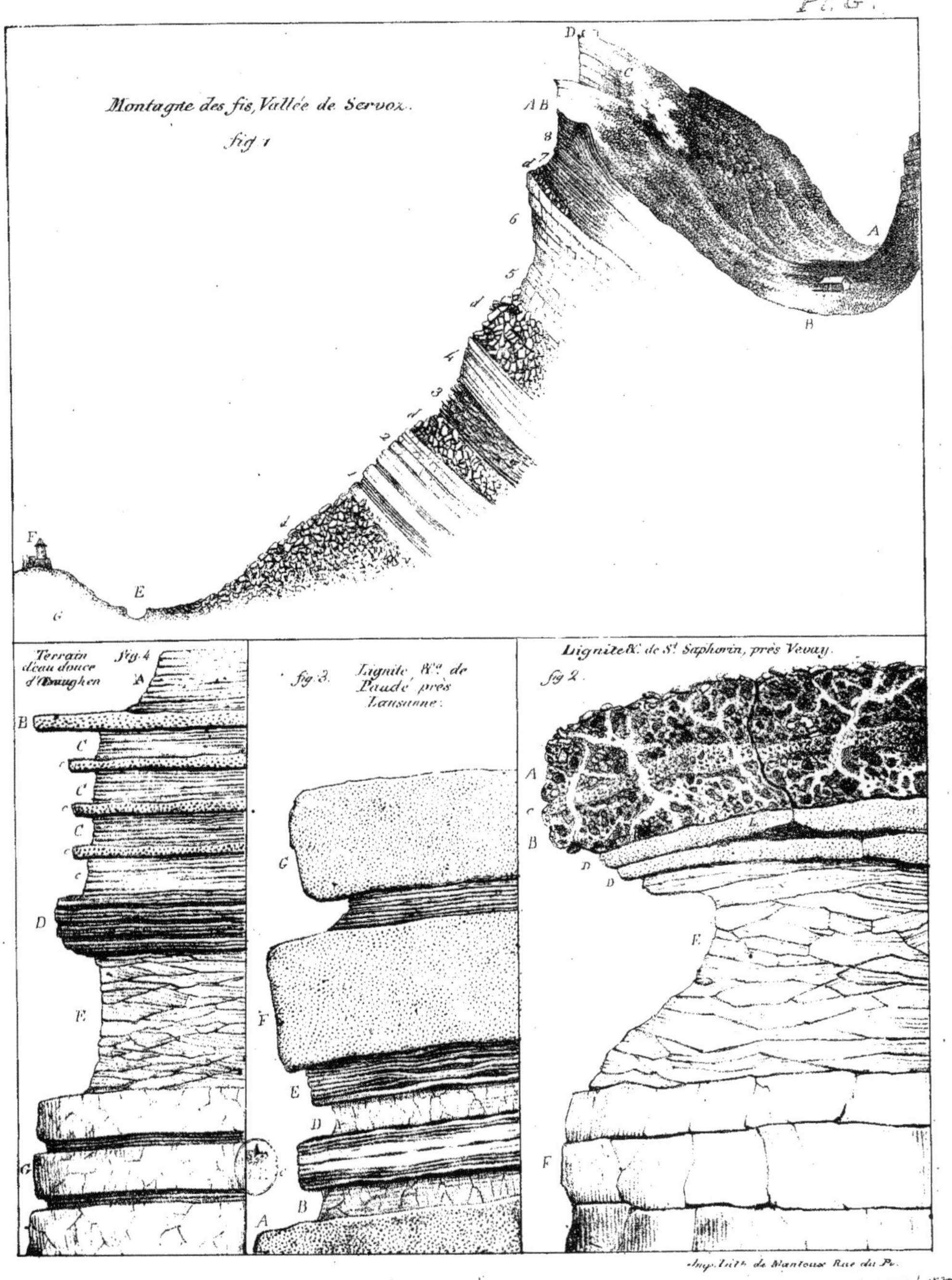

Imp. Lith. de Mantoux Rue du Po.

GÉOGNOSIE DES TERRAINS DE PARIS.

Pl. II.

BASSIN de PARIS.

Terr. de Sédiment supérieur de Paris et de Londres

Craie blanche

Craie tufau et Glauconie crayeuse

Calcaires Jurassique &c.

Terrains Primordiaux

BASSIN de LONDRES.

BASSINS GÉOGNOSTIQUES DE PARIS ET DE LONDRES.

Pl. I

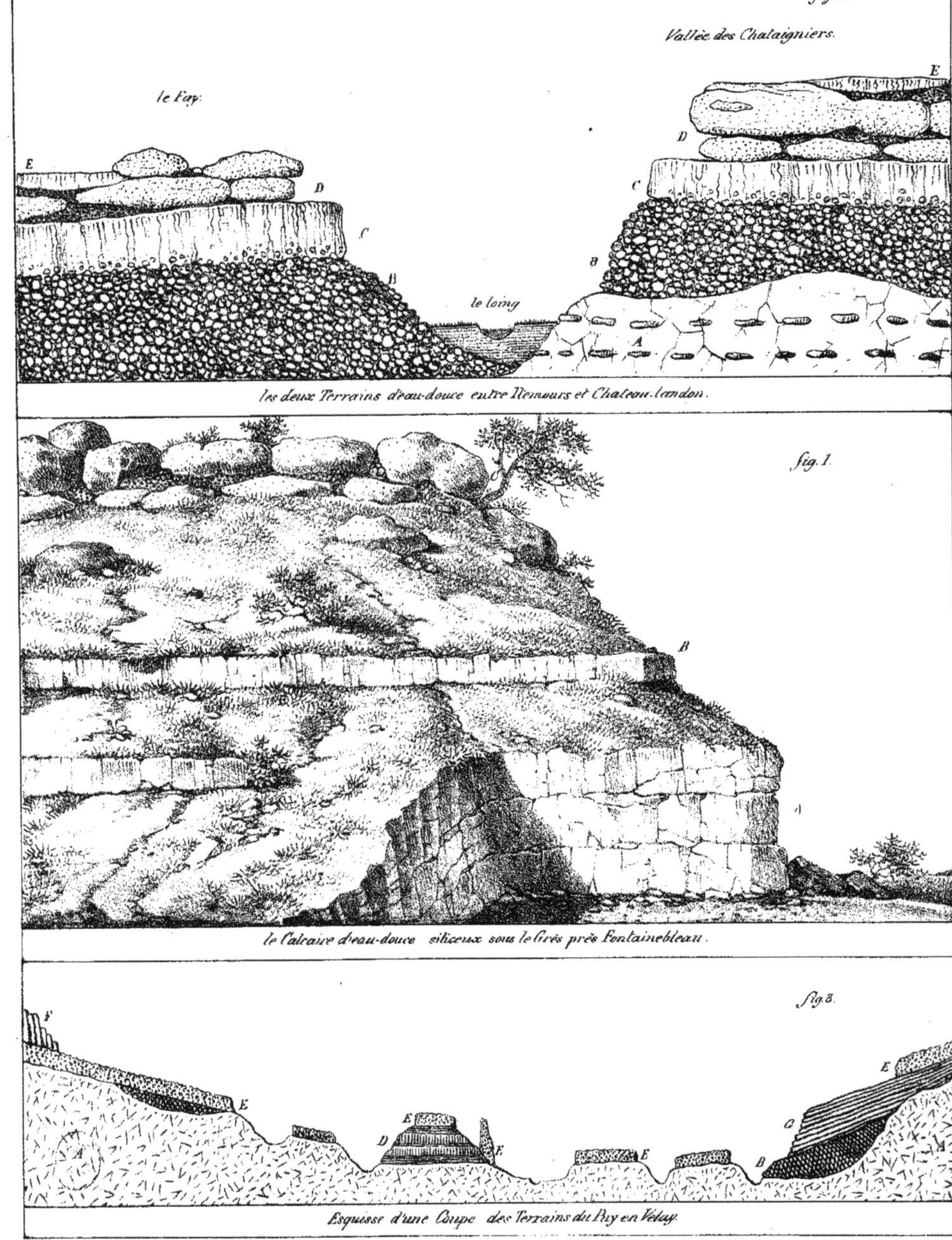

les deux Terrains d'eau-douce entre Nemours et Chateau-Landon.

le Calcaire d'eau-douce siliceux sous le Grès près Fontainebleau.

Esquisse d'une Coupe des Terrains du Puy en Velay.

Imp. Lith. de Mantoux.

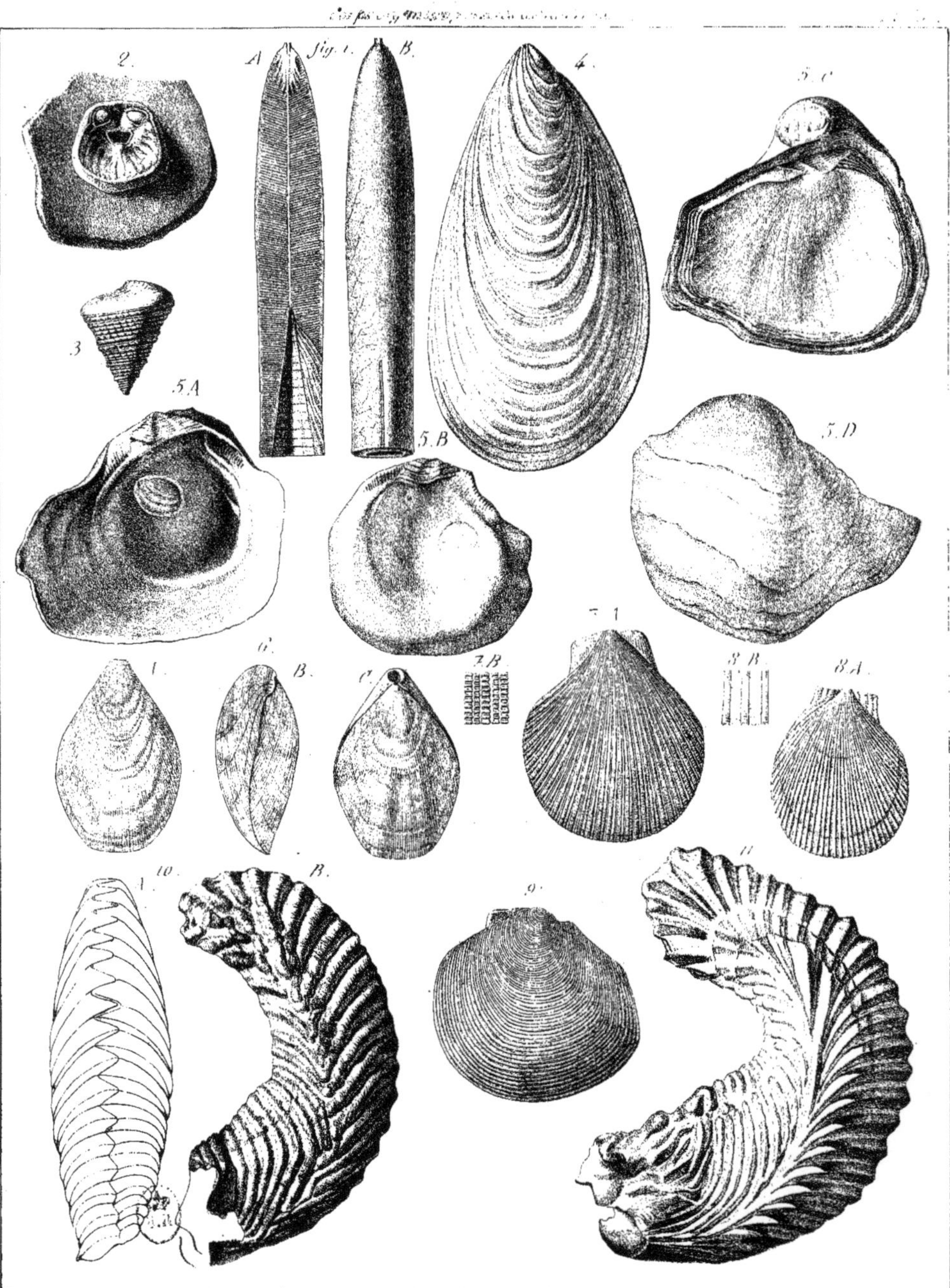

lith. de Mantoux.

Corps organisés fossiles de la Craie. Pl. L.

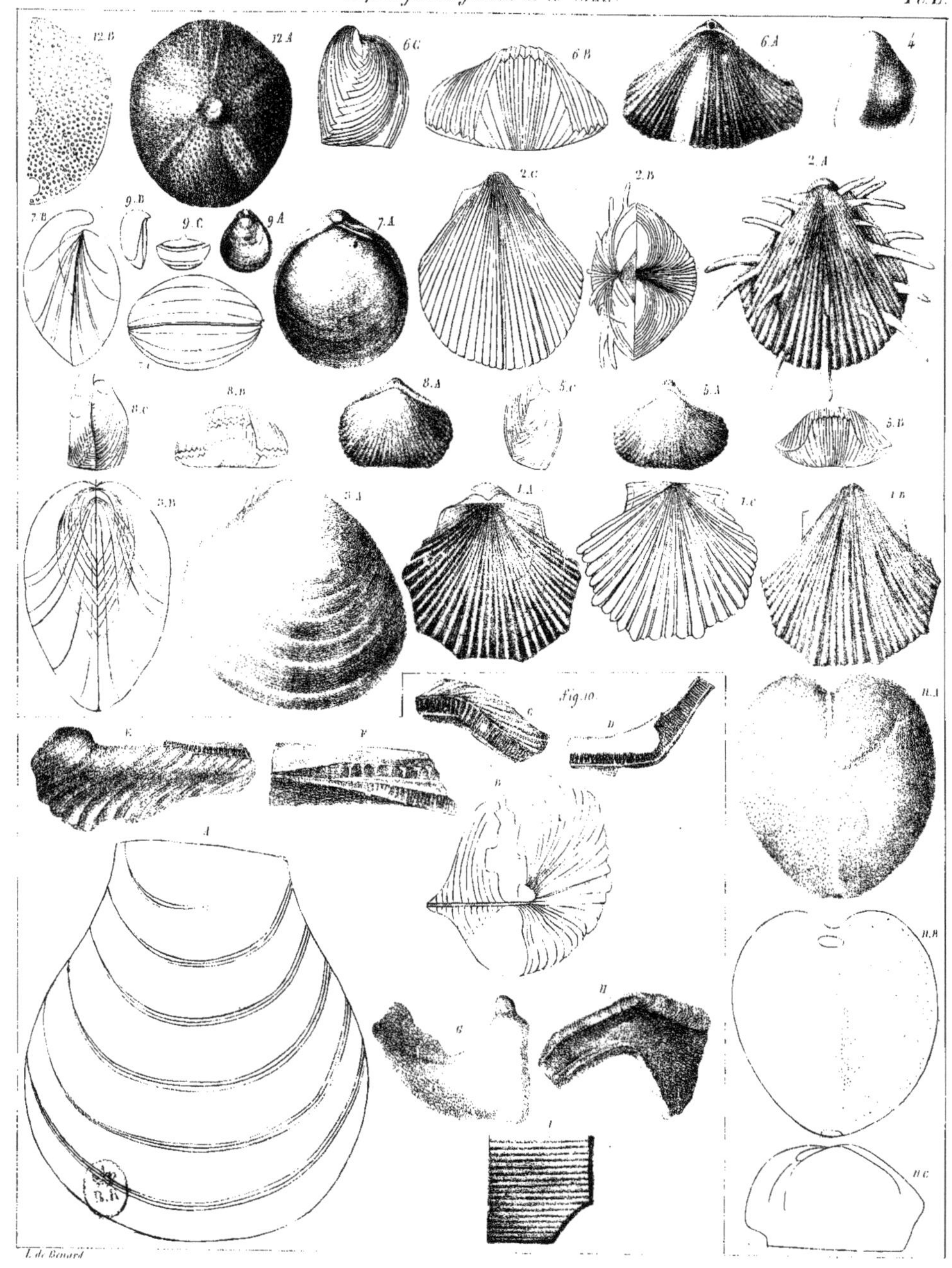

Corps organisés fossiles de la Craie. Pl. M

1.A. 1.B. 2.B. 2.C. 2.A.

10.A 10.B 3.B. 3.A. 4.A. 4.B. 4.C.

5.B. 5.A. 6.B. 6.A. 5.C. 6.C.

9.B. 9.A. 7.B. 7.A. 8.B. 8.A. 7.C. 8.C.

Litho. de Benard.

Fig. 1.
A B
Fig. 2
A B
Fig. 13
A
B
Fig. 3
a
A B
b
C
b
Fig. 4
A B
Fig. 7.
A B
Fig. 6
A B
Fig. 5
a
A
C
b
B
b
Fig. 14
A B
Fig. 8
B
C
A
Fig. 9
B
A
Fig. 10
B A
Fig. 11
B A
Fig. 12
B A

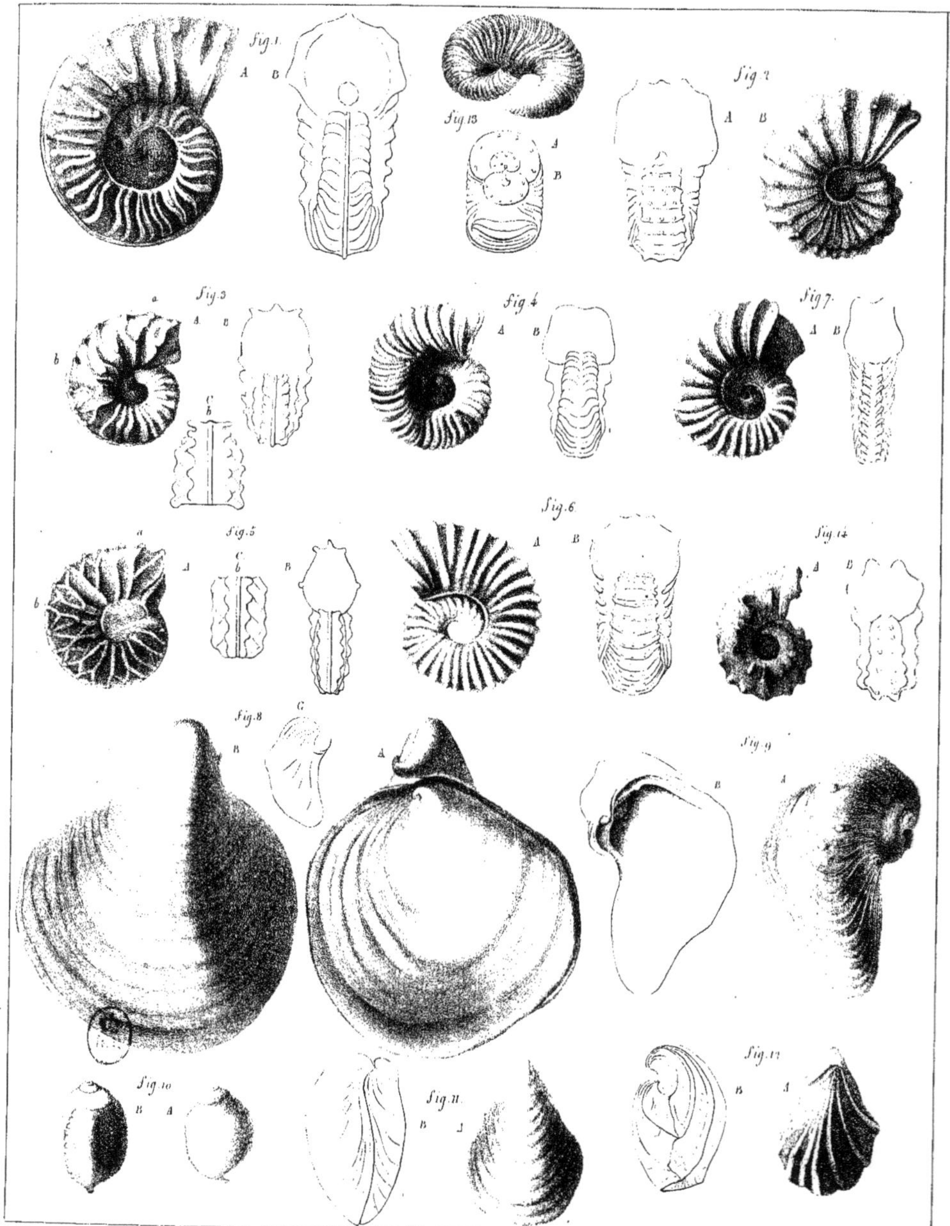

L. de Benard

Lith de.

Coquilles fossiles du Terrain de Craie inférieure de la perte du Rhône et de la Montagne des Fi[illegible] Pl. [illegible]

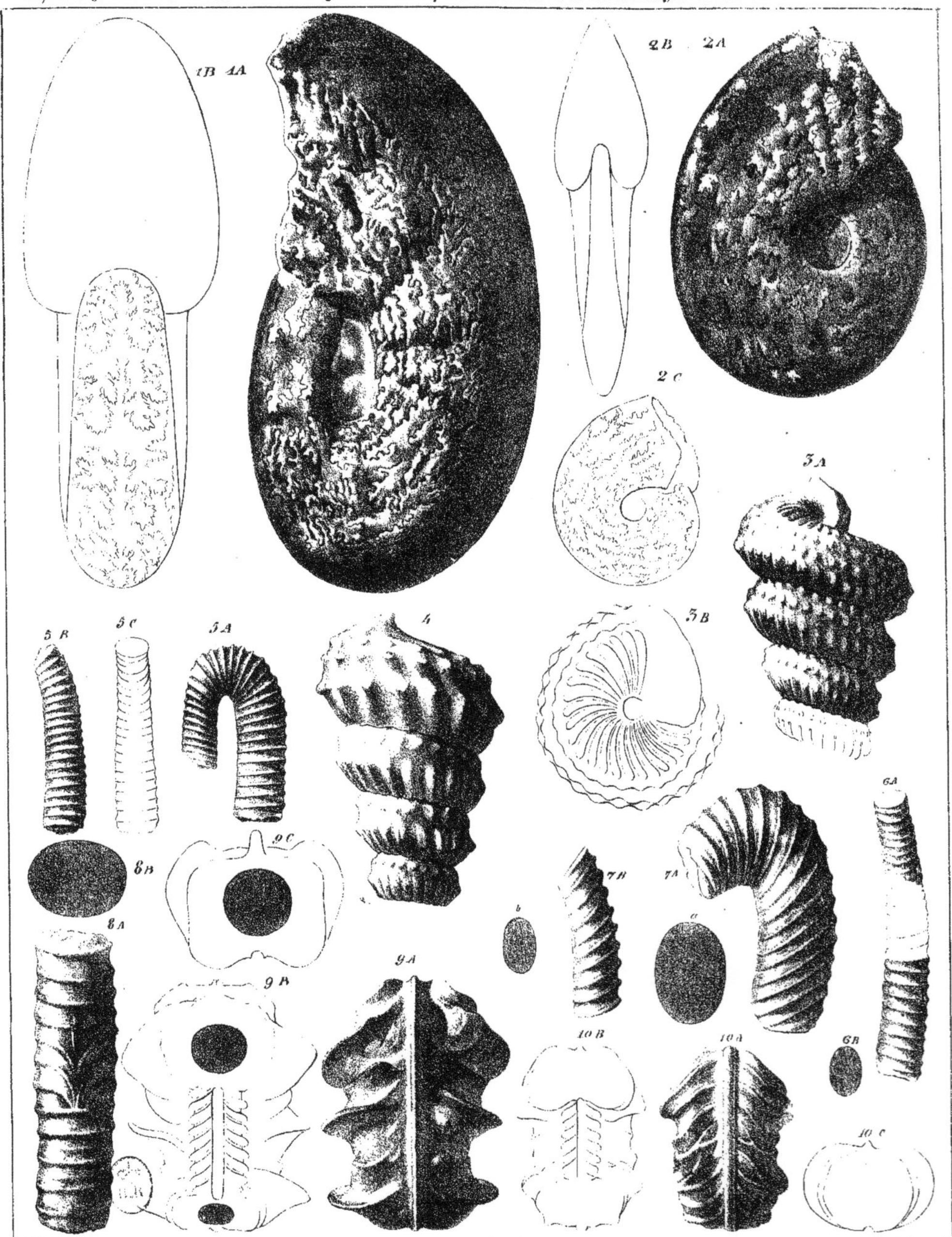

Lith. de Mantoux.

Pl. P.

Fig. 8.
E
D
Fig. 7.
C
B
Fig. 7.
A
S
Fig. 1.
A
B
C
Fig. 9.
A
Fig. 4.
Fig. 3.
A
Fig. 5.
B
Fig. 2.
A
B
Fig. 1. E.
Fig. 6.
Fig. 1.
F
Fig. 1.
G
Fig. 10
A
Fig. 1.
D

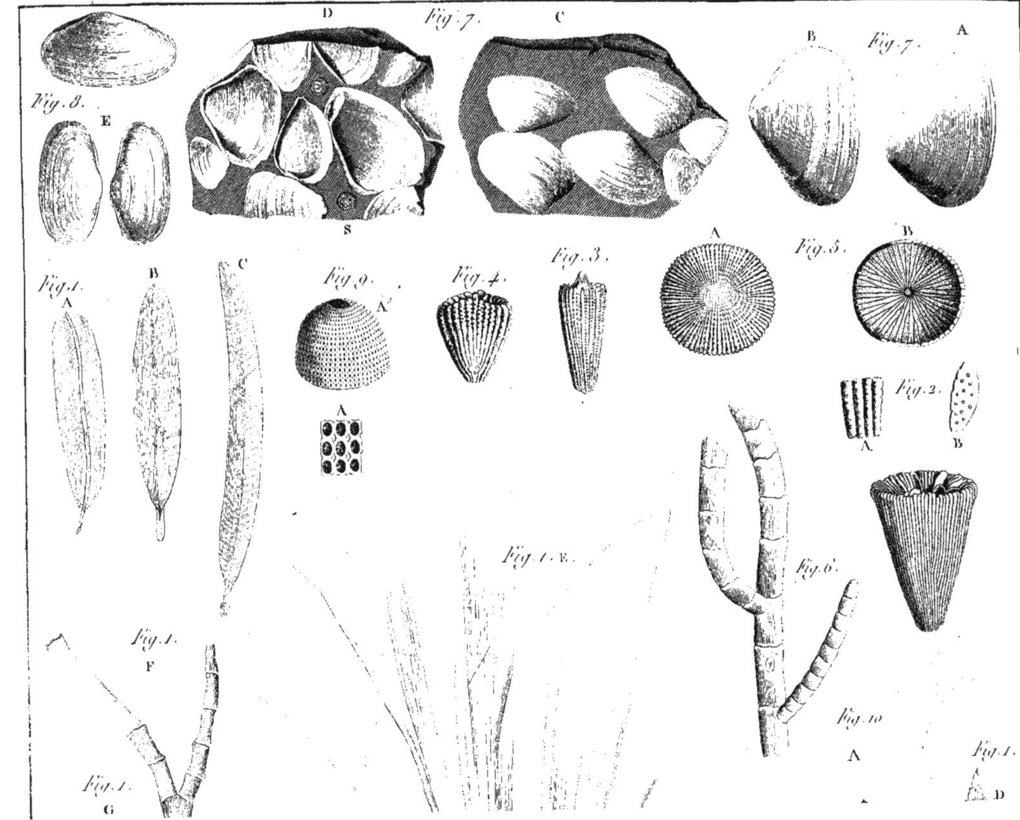

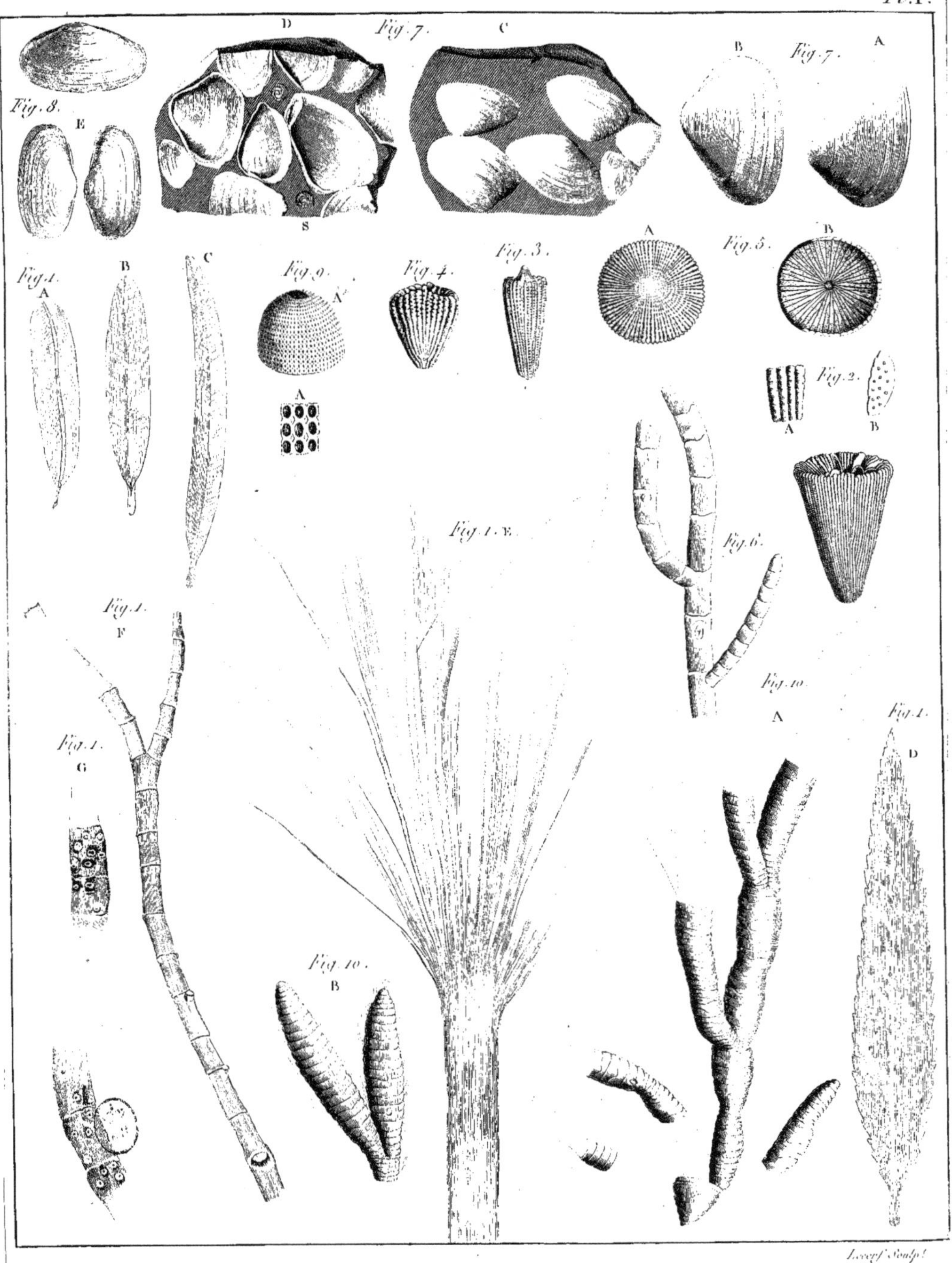

Corps organisés fossiles des couches marines des environs de Paris.

Végétaux fossiles. Pl. R.

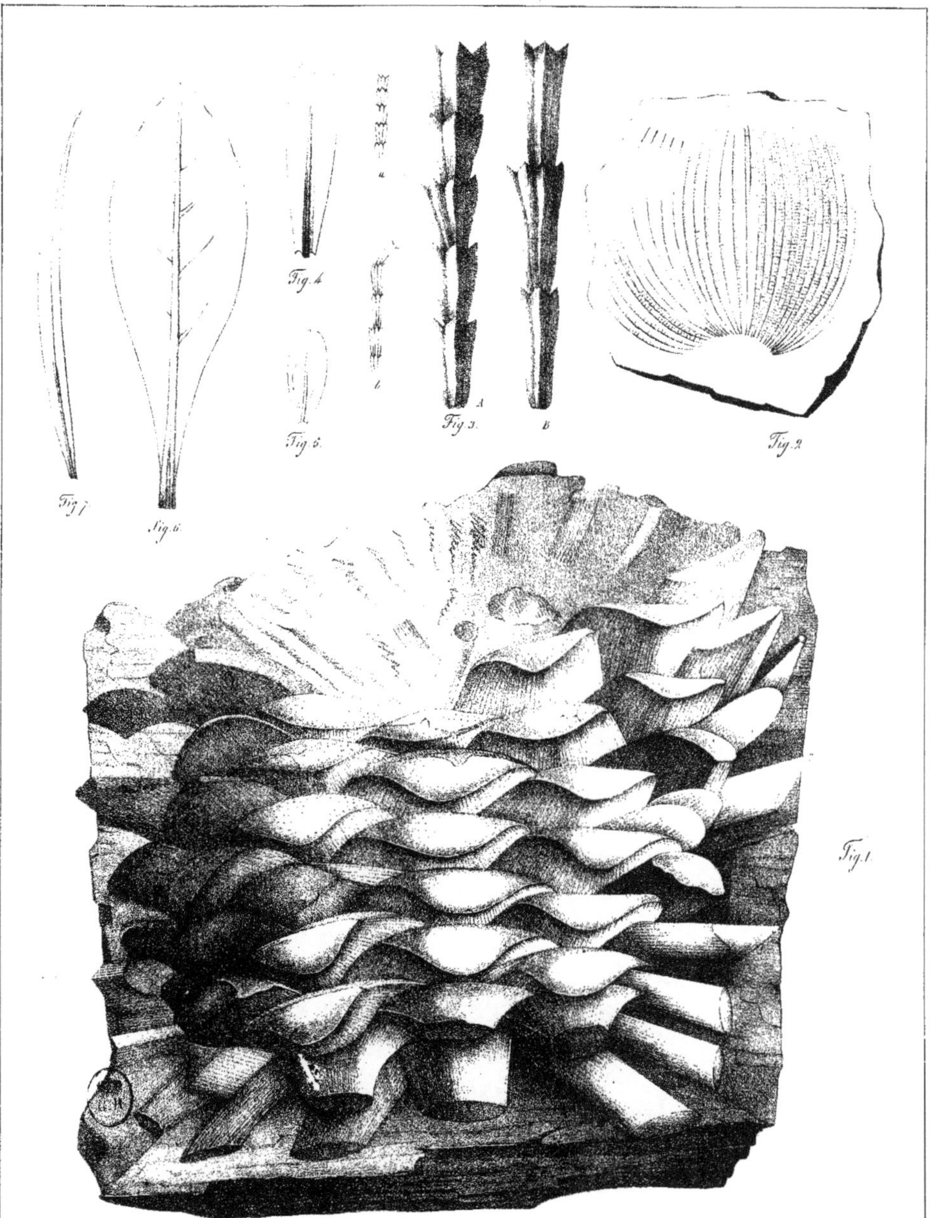

Lith. de Benard

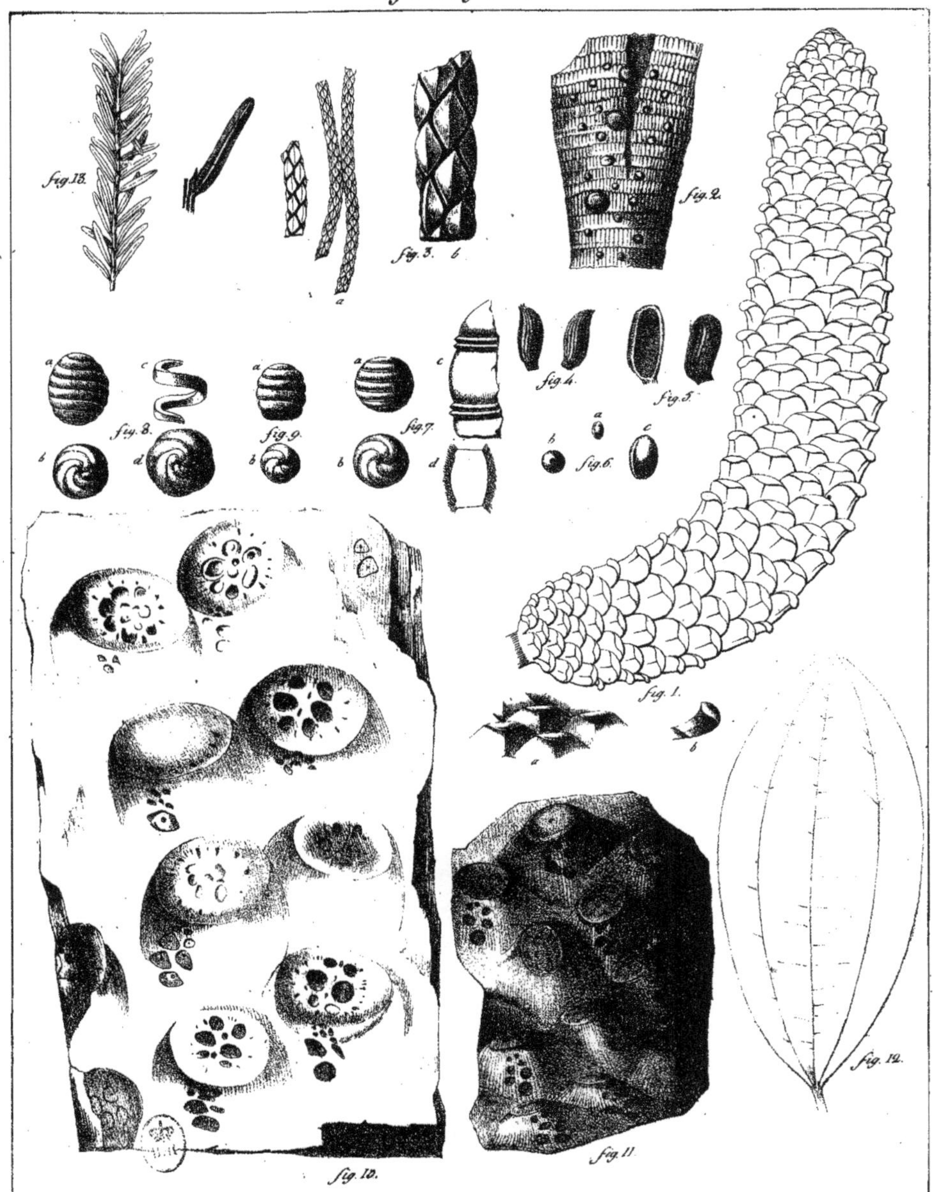

Lith. de Boyer.

www.ingramcontent.com/pod-product-compliance
Ingram Content Group UK Ltd.
Pitfield, Milton Keynes, MK11 3LW, UK
UKHW021314190726
13839UKWH00007B/1841